外来物种入侵是全球面临的最严重生态和经济威胁之一，不仅影响着农牧渔业生产和人类健康，也带来了全球性的物种灭绝和生态灾害。我国是世界上遭受生物入侵最严重的国家之一。近年来，草地贪夜蛾、加拿大一枝黄花、福寿螺、鳄雀鳝危害频频发生和报道，一次次给我们敲响了警钟。水生生态系统是地球上最重要的生态系统之一，随着水生生物养殖和观赏引种等旺盛需要，数以千计的外来水生生物被有意无意地引进到全球各地，我国有文献记录的外来水生生物近600种。这些外来水生生物在促进水产养殖和观赏渔业发展的同时，也对自然水生生态系统造成严重影响。为加强外来物种管理，2021年农业农村部联合相关部门发布了《外来入侵物种管理办法》和《重点管理外来入侵物种名录》，防控更加突出风险预防、关口前移、源头治理，积极采取"治早、治小、治了、治好"防控策略，力争做到"早发现、早预警、早治理"。

本书收集整理了《重点管理外来入侵物种名录》中鳄雀鳝等11种重点管理的外来入侵水生生物；大口黑鲈、尼罗罗非鱼、罗氏沼虾、克氏原螯虾等常见的养殖外来水生生物；以及双须骨舌鱼、美丽硬仆骨舌鱼、匠丽体鱼等常见的外来观赏水生生物。通过简单介绍这些物种的原产地、识别特征、分布范围和主要危害等，希望能有助于外来水生生物的快速准确识别、有效遏制非法引进、减少人为放生和丢弃，针对性开展预警和拦截，为防控外来入侵水生生物提供帮助。

本书的编写由农业农村部农业生态与资源保护总站牵头，联合中国水产科学研究院珠江水产研究所等单位共同完成，本书的编写得到了国家大宗淡水鱼产业技术体系（CARS-45）等项目的支持。由于笔者掌握的资料和学识有限，书中不足之处在所难免，恳请广大读者批评指正。

编　者

2025 年 3 月

目录

前言

外来

水生动植物

图鉴

齐氏罗非鱼

Coptodon zillii

扫一扫

 原产地　非洲

分类地位

鲈形目 | 丽鱼科 | 切非鲫属

备注 *2022 年底*被列入《重点管理外来入侵物种名录》

俗　　名	红腹罗非鱼、齐氏切非鲫、吉利慈鲷
分布范围	目前，在长江及以南大部分水域均有分布，分布范围广，扩散速度快，种群规模大。
主要特征	耐低温、繁殖力强；繁殖期腹部为红色，又称红腹罗非鱼；杂食性。
引种目的	养殖目的引进，但由于生长速度慢，体型小而被养殖淘汰，非经济品种。

主要危害

危害较大，主要包括：干扰渔业生产；通过捕食和竞争，影响本土物种生存；取食水草，影响水生态环境稳定。

豹纹翼甲鲶

Pterygoplichthys pardalis

扫一扫

 原产地 南美洲

分类地位

鲶形目 | 甲鲶科 | 翼甲鲶属

备注 2022 年底被列入《重点管理外来入侵物种名录》

俗　　名	清道夫、飞机鱼、垃圾鱼
分布范围	主要分布于广东、广西、福建、海南等地，河流和湖泊均有分布。
主要特征	口下位，有发达吸盘须；胸鳍和腹鳍发达，可在陆地支撑身体，背鳍宽大，具脂鳍；环境耐受性强，繁殖速度快。
引种目的	作为观赏品种引进，主要用于净化水质和清洁水族缸，观赏市场常见品种。

主要危害

危害较大，主要包括：干扰养殖生产；破坏渔具影响捕捞生产；通过捕食和竞争，影响本土物种生存；破坏水生植物根系和水底结构，造成栖息地破坏。

鳄雀鳝

Atractosteus spatula

扫一扫

 原产地　北美洲

分类地位

雀鳝目 | 雀鳝科 | 大雀鳝属

备注 2022 年底被列入《重点管理外来入侵物种名录》

俗　　　名	福鳄、雀鳝
分布范围	由于放生和弃养，在全国多地有发生记录，尤以城市及周边的湖泊、水库和公园为主，但基本为零星分布。
主要特征	体型巨大，口尖似鳄鱼，身体被菱形的硬鳞覆盖；繁殖能力强，繁殖量大。
引种目的	满足了人们猎奇的心理，主要作为观赏品种引进。

主要危害

进入养殖水域后，会攻击养殖种类，影响渔业生产；通过捕食本土物种，影响本土物种生存。

福寿螺

Pomacea canaliculata

扫一扫

 原产地 南美洲

分类地位

中腹足目 | 瓶螺科 | 瓶螺属

备注 2022 年底被列入《重点管理外来入侵物种名录》

俗　　名	苹果螺、大瓶螺
分布范围	主要分布于长江以南地区，目前已扩散到淮河以南的大部分水稻产区，对水稻生产危害大。
主要特征	大型螺类，体螺层膨大；繁殖能力强，卵生，以受精卵形式从母体排出，卵为粉红色。
引种目的	作为养殖品种引进，但由于口感不好，逐渐被市场所淘汰。

主要危害

　　直接啃食水田及浅水的农作物，造成粮食减产；通过竞争排斥土著螺类影响本土螺类生存；携带的广州管圆线虫等寄生虫可危害人畜健康。

红耳彩龟（巴西龟）

Trachemys scripta elegans

扫一扫

 原产地　北美洲

分类地位

龟鳖目 | 泽龟科 | 滑龟属

备注 *2022 年底*被列入《重点管理外来入侵物种名录》

俗　　名	巴西龟、巴西彩龟、红耳龟
分布范围	由于放生等行为，在全国大部分地区均有分布，但通常只有在北京以南地区能越冬，野生群体主要见于南方地区。
主要特征	头颈处具有黄绿相镶的纵条纹，眼后有一对红色条纹。色彩鲜艳、生存能力强、饲养方便、价格低廉，是主要观赏爬行动物和重要放生对象。
引种目的	作为观赏品种引进，是主要的观赏爬行动物，也有食用和药用价值。

主要危害

　　易挤占其他物种的生存资源，同时可携带和传播沙门菌及寄生虫等病原，对本土龟鳖威胁较大。

大鳄龟

Macroclemys temminckii

📍原产地 中北美洲

分类地位

龟鳖目 | 鳄龟科 | 大鳄龟属

备注 2022 年底被列入《重点管理外来入侵物种名录》

俗　　名	真鳄龟、鳄龟
分布范围	数量较少，属于零星分布。
主要特征	体型巨大，重量可达几十千克，头部硕大，吻端呈明显的钩状弯曲；背甲卵圆形，盾片呈山峰状突起；腹甲小，头与四肢不能缩入壳内；尾巴长。
引种目的	作为观赏品种引进，是主要的观赏爬行动物，也有食用和药用价值。

主要危害

捕食能力强，可破坏本地生物多样性，破坏水域、湿地的生态平衡。

美洲牛蛙（牛蛙）

Rana catesbeiana

扫一扫

 原产地 中北美洲

分类地位

无尾目 | 蛙科 | 蛙属

备注 2022 年底被列入《重点管理外来入侵物种名录》

俗　　名	牛蛙、北美牛蛙
分布范围	由于养殖逃逸等原因，在长江以南多个省份均有发生，在浙江、贵州等地有一定危害。
主要特征	体型大；头宽而扁，吻端钝圆；繁殖速度快，环境适应性强；食量大，捕食能力强。
引种目的	主要作为养殖品种引进，目前为我国重要的养殖种类，对产业发展具有重要促进作用。

主要危害

可通过捕食、竞争和疾病传播等多种方式危害本地物种，其携带的壶菌被认为是全球两栖动物灭绝的"罪魁祸首"。

凤眼蓝

Eichhornia crassipes

📍（原产地）南美洲

分类地位

雨久花科 | 凤眼莲属

备注 2022 年底被列入《重点管理外来
入侵物种名录》

俗 名	凤眼莲、水葫芦、水浮莲
分布范围	在南方20多个省份有分布，常为局部点状暴发。
主要特征	入侵性强，繁殖速度快，可随水流、农产品贸易、观赏花卉引入等途径扩散蔓延，是我国南方坑塘、河道、湖泊等水域常见杂草。
引种目的	最初作为花卉引进，后拓展了部分畜禽饲料、净化水质等功能。

主要危害

阻塞航道，并导致水中溶解氧含量低，造成水生动物窒息死亡；与本地水生植物竞争光、营养和生长空间；植株腐烂加剧水体富营养化。

大藻

Pistia stratiotes

📍 原产地 南美洲

分类地位

天南星科 | 大藻属

备注 2022 年底被列入《重点管理外来入侵物种名录》

俗　　名	水白菜、水浮萍
分布范围	主要在江苏、浙江、安徽、山东、湖北、江西、广东、海南、四川等10多个省份发生。
主要特征	水生飘浮草本植物，以无性繁殖为主。大藻在水中生长迅速，通常随水流快速传播。
引种目的	最初作为猪饲料引进，后拓展净化水质等功能。

主要危害

　　在自然水体或潮湿地快速生长繁殖，大量消耗水中氧气，影响本土水生植物生长，破坏水质和水生生态系统，影响水产养殖，堵塞航道，影响航运。

空心莲子草

Alternanthera philoxeroides

扫一扫

 原产地 **南美洲**

分类地位

苋科 | 莲子草属

备注 2022 年底被列入《重点管理外来入侵物种名录》

俗　　名	水花生、喜旱莲子草
分布范围	在广东、湖北、四川等10多个省份有分布。
主要特征	为多年生水生或陆生草本植物；繁殖力、适应性强，水陆两栖，可随人畜、农机具、种子调运、水流等途径扩散蔓延，是我国南方水田、旱田、果园以及坑塘、河流、湖泊的常见杂草。
引种目的	作为饲料引进。

主要危害

　　严重影响作物生长和水产养殖，破坏园林景观，阻塞河流航道。

互花米草

Spartina alterniflora

◉ 原产地　北美洲

分类地位

禾本科 | 米草属

备注 2022 年底被列入《重点管理外来入侵物种名录》

俗　　名	米草
分布范围	在全国大部分沿海省份均有分布。
主要特征	多年生草本植物。株高100～300厘米；繁殖能力、扩散与定殖能力、适应性和耐受能力均很强，种子可随风浪传播，是一种常见的滩涂入侵杂草。
引种目的	用于海岸的防风固滩。

主要危害

破坏近海生物栖息环境，影响滩涂养殖；堵塞航道，影响船只出港；影响海水交换能力，导致水质下降。

克氏原螯虾

Procambarus clarkii

📍 原产地　北美洲

分类地位

十足目 | 螯虾科 | 原螯虾属

俗　　　名	小龙虾
分布范围	在全国大部分省份有分布，主要集中在长江、淮河流域。
主要特征	抗逆性强，繁衍速度快，是优良的养殖品种，在湖北、江苏、安徽、江西等地有大量养殖，年产值达到数千亿元。
引种目的	养殖引种，现为重要养殖种类。

主要危害

喜欢穴居，擅长打洞，会导致部分梯田地区灌溉用水的流失，已在贵州省和云南省部分地区形成了一定危害。

红螯螯虾

Cherax quadricarinatus

红螯螯虾（雌）

红螯螯虾（雄）

（^{原产地}）澳大利亚

分类地位

十足目 | 拟螯虾科 | 螯虾属

俗　　名 澳洲淡水龙虾

分布范围 偶见养殖逃逸个体。

主要特征 体色褐绿色，雄虾大螯大于雌虾。在广东等地有一定养殖量，但未形成较大规模养殖。

引种目的 养殖引种。

主要危害

风险较小。

罗氏沼虾

Macrobrachium rosenbergii

📍 **原产地** 东南亚

分类地位

十足目 | 长臂虾科 | 沼虾属

俗　　名	罗氏虾、淡水大虾、马来西亚大虾
分布范围	在西江偶见养殖逃逸个体。
主要特征	体型大，体色呈淡青蓝色间有棕黄色斑纹，雄虾第2步足呈蔚蓝色；为重要的养殖种类，在珠三角和长三角地区有较大养殖产量。
引种目的	养殖引种。

主要危害

风险较小，未见相关危害报告。

非洲牛箱头蛙

Pyxicephalus adspersus

📍 原产地 非洲

无尾目 | 蛙科 | 箱头蛙属

俗　　名	非洲牛蛙
分布范围	野外极少见。
主要特征	体型巨大，体色呈橄榄绿，沿皮肤嵴具深绿、棕或黑色斑纹或斑点，攻击性强，常作为异宠养殖。
引种目的	观赏引种，常见于花鸟鱼虫市场。

主要危害

未见相关危害报告。

非洲爪蟾

Xenopus laevis

📍 原产地 非洲

分类地位

无尾目 | 负子蟾科 | 爪蟾属

俗　　名	爪蟾
分布范围	野外极少见，尚未构成入侵风险。
主要特征	终生水栖，自然状态下喜栖息于温暖、泥质底的淡水水体中；野生状态下爪蟾主要摄食小鱼、虾、蟹、昆虫。爪蟾作为原产于非洲的两栖类模式动物，已有超过150年的研究历史；在观赏市场，常见有突变或染色的非洲爪蟾，也有部分被用于放生等行为。
引种目的	观赏和实验动物引种，常用做模式生物或观赏动物。

主要危害

未见相关危害报告。

麦瑞加拉鲮

Cirrhina mrigala

📍 原产地 南亚

分类地位

鲤形目 | 鲤科 | 鲮属

俗　　名	印度鲮、红眼鲮、孟加拉鲮
分布范围	主要分布在珠江、长江以及华南沿海诸河等流域，在珠江流域部分区域为优势种，长江流域常见于中游湖泊。
主要特征	对环境耐受性强，繁殖能力强、生长速度快，体型比本土鲮鱼大，引种早期较受欢迎，但由于口感不好，目前主要作为鳜和鲈等肉食性养殖鱼类的饵料鱼进行养殖，也有少部分作为食用对象养殖。
引种目的	养殖引种。

主要危害

通过竞争性替代，影响本土种（主要为鲮）的生存和繁殖。

Labeo rohita

露斯塔野鲮

 原产地 南亚

分类地位

鲤形目 | 鲤科 | 鲮属

俗　　名	泰国鲮、泰鲮、南亚野鲮
分布范围	主要分布在珠江流域，常见于广东和广西地区，在部分河段为常见垂钓品种。
主要特征	食性广、耐低氧性强以及生长快，因此在引进早期被大量推广和放流，现主要用作饵料鱼，也有食用目的的养殖。
引种目的	养殖引种，东南亚地区从印度引种后，我国从泰国二次引进。

主要危害

通过竞争性替代，影响本土种的生存和繁殖。

大口黑鲈

Micropterus salmoides

🔘 原产地 北美洲

鲈形目 | 太阳鱼科 | 黑鲈属

俗　　名 加州鲈

分布范围 在野外常有发现，但大部分地区未见稳定种群，多为放生个体，也有部分垂钓目的的放生和控制野杂鱼目的的放流，需加强管控。

主要特征 具有适应性强、生长快、易起捕、养殖周期短、适温较广等养殖优点，因此被推广到全国各地，现已成为我国重要的淡水养殖品种之一，年产量近90万吨，在外来淡水鱼中仅次于罗非鱼。在原产地北美洲是主要的垂钓品种，也是世界户外钓鱼大赛的主要目标鱼。

引种目的 养殖引种，现为重要养殖品种。

主要危害

攻击性强，一旦成功入侵，对渔业生产和生物多样性有较大危害。

绿太阳鱼

Lepomis cyanellus

📍 原产地 北美洲

鲈形目 | 太阳鱼科 | 太阳鲈属

| 俗　　名 | 太阳鱼 |

| 分布范围 | 绿太阳鱼已成为部分地区的常见种，多见于浙江千岛湖地区、贵州和四川等地，在安徽等地也有零星发现。 |

| 主要特征 | 颜色鲜艳，口裂较大，鱼体蓝绿色，背鳍的软棘基部有一个暗斑，鳃盖后缘有深色斑块；对环境适应性强；为偏肉食性的杂食性鱼类。 |

| 引种目的 | 养殖引种，但养殖量较小，也有部分作为观赏鱼养殖。 |

主要危害

具有较强的入侵性和破坏性，可吞噬其他鱼类的鱼卵和幼鱼，威胁其他鱼类的生存繁殖。

蓝鳃太阳鱼

Lepomis macrochirus

📍 原产地 北美洲

分类地位

鲈形目 | 太阳鱼科 | 太阳鲈属

俗　　名	太阳鱼、蓝太阳鱼
分布范围	主要分布于浙江千岛湖地区，在安徽地区也偶有发现。
主要特征	体侧扁，较高，成体与绿太阳鱼相比更接近卵圆形，鳃盖后缘有一深蓝紫色耳状软膜，故名蓝鳃太阳鱼。
引种目的	养殖引种，有一定养殖量，养殖规模远远大于绿太阳鱼。

主要危害

通过捕食竞争对本土物种有一定威胁。

尼罗罗非鱼

Oreochromis niloticus

🔘 原产地　非洲

分类地位

鲈形目 | 丽鱼科 | 口孵罗非鱼属

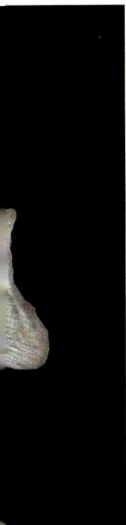

俗　名	罗非鱼、福寿鱼、非洲鲫鱼、非洲仔
分布范围	主要分布在华南地区，以海南、广东、广西和福建最为常见，在多个河段为优势种。
主要特征	生长繁殖速度快、抗病力强，为目前全球主要养殖对象，在我国罗非鱼为养殖量最大的外来鱼类，年产量最高达186.6万吨，其中95%为尼罗罗非鱼及其杂交后代。与其他罗非鱼相比主要特征为尾鳍具黑色垂直条纹。
引种目的	养殖引种，重要养殖鱼类。

主要危害

通过竞争性替代影响本土物种生存，繁殖期的挖掘和扰动行为改变水体结构，影响水生态平衡。

伽利略罗非鱼

Sarotherodon galilaeus

📍 **原产地** 非洲

分类地位

鲈形目 | 丽鱼科 | 刷齿罗非鱼属

俗　　名	罗非鱼、福寿鱼、非洲鲫鱼、非洲仔
分布范围	主要分布在华南地区，在福建、江西南部等地为常见种，在多个河段为优势种。
主要特征	生长速度快、个体较大，是罗非鱼中个头较大的种类，尾鳍无斑点或条纹，体侧有5～7条黑色条纹。
引种目的	养殖引种。

主要危害

通过捕食和竞争，影响本土物种生存。

莫桑比克罗非鱼

Oreochromis mossambicus

⊙ 原产地 非洲

鲈形目 | 丽鱼科 | 口孵罗非鱼属

俗　名	罗非鱼、福寿鱼、非洲鲫鱼、非洲仔
分布范围	野外较少见，偶见于河口地区。
主要特征	体表条纹不明显，尾鳍具有黑色不规则斑点，不成垂直状。野生个体体色较黑，鳍条边缘为红色，对盐度耐受性强。
引种目的	养殖引种，为我国最早引进的罗非鱼种类，目前养殖量较小，部分作海水罗非鱼养殖。

主要危害

> 通过捕食和竞争，影响本土物种生存，通过挖掘行为，破坏其他水生生物栖息地。

布氏罗非鱼

Heterotilapia buttikoferi

📍 (原产地) 非洲西部

分类地位

鲈形目 | 丽鱼科 | 异罗非鱼属

俗　　名	非洲十间、十间
分布范围	野外较少见，偶见于海南岛等地。
主要特征	体表有8～10条黑色横带，因此得名非洲十间；性情较凶猛。
引种目的	作为观赏鱼引进，也有部分地区作为食用鱼养殖。

主要危害

未见明确危害记录。

马那瓜丽体鱼（花身副丽鱼）

Cichlasoma managuense

 原产地　中美洲

分类地位

鲈形目 | 丽鱼科 | 丽体鱼属

俗　　名	花老虎、淡水石斑、美丽罗非鱼
分布范围	主要分布于海南、广东、福建和云南等地，以海南最为常见，部分河段已成为优势种。
主要特征	外表与石斑鱼类似，与其他罗非鱼差别较大；躯干两侧各有 8 ～ 10 条黑条纹；为肉食性鱼类。
引种目的	最初作为观赏鱼引进和饲养，后也作为养殖鱼类饲养，在海南和广东等地有一定养殖量。

主要危害

通过大量捕食本土鱼类的卵和幼鱼，影响本土鱼类的生存和种群的延续。

匠丽体鱼（德州豹）

Herichthys carpintis

原产地 北美洲

分类地位

鲈形目 | 丽鱼科 | 丽体鱼属

俗　　名	德州豹、德州豹鱼、德州慈鲷
分布范围	在南方观赏动物市场附近水域偶有发现，珠三角等地常有发现。
主要特征	体型与血鹦鹉相似，但相对小，身体呈浅绿色，体侧中央有颜色较深的斑纹。
引种目的	主要作为观赏鱼引进，目前主要作为观赏鱼养殖。

主要危害

有领域行为，攻击性较强。

美丽硬仆骨舌鱼（亚洲龙鱼）

Scleropages formosus

扫一扫

原产地 东南亚

分类地位

骨舌鱼目 | 骨舌鱼科 | 硬仆骨舌鱼属

俗　名	金龙鱼、红龙鱼、青龙鱼
分布范围	极少发现，在广州、韶关等地有发现记录。
主要特征	体型大而扁长，躯干部覆盖着排列整齐的金黄色、红色或青色鳞片；口大，下颌前段有一对触须，有口孵习性。
引种目的	主要作为观赏鱼引进，为高档观赏鱼类。

主要危害

难以越冬，因此难以形成入侵，目前未见危害记录。

双须骨舌鱼 （银龙鱼）

Osteoglossum bicirrhosum

📍 原产地 南美洲

骨舌鱼目 | 骨舌鱼科 | 双须骨舌鱼属

俗　　名	银龙鱼
分布范围	在广州花地河水系有多次发现记录，其他地区极少发现。
主要特征	身体呈银色，故名银龙鱼；体呈长带状，相比于金龙鱼更加侧扁，背鳍和臀鳍呈带形，向后延伸至尾柄基部；有口孵习性。
引种目的	主要作为观赏鱼引进，国内有大量繁殖。

主要危害

难以越冬，因此难以形成入侵，目前未见危害记录。

斑点叉尾鮰

Ictalurus punctatus

📍 原产地　北美洲

分类地位

鲇形目 | 鮰科 | 叉尾鮰属

俗　　名	美洲鲇、钳鱼、沟鲇
分布范围	在长江和珠江流域多有发现，但种群规模不大。
主要特征	幼鱼体侧有不规则黑或深褐色斑点，尾鳍分叉较深，因此得名斑点叉尾鮰；由于生长速度快，易饲养，已成为我国重要养殖鱼类，是四川、湖北、江苏等地重要养殖鱼类。
引种目的	养殖引种，为我国重要养殖鱼类。

主要危害

　　通过捕食作用，导致其他鱼类数量下降或食物来源减少，影响生物多样性和生态平衡。

云斑鮰

Ameiurus nebulosus

原产地 北美洲

分类地位

鲇形目 | 鮰科 | 鮰属

俗　　名 褐首鲄

分布范围 在长江上游和塔里木河流域偶有发现。

主要特征 体短而粗，前部较宽，后部稍扁，头较大，吻宽而钝；体表背部深褐色，具不规则的黑色云状斑块，腹部灰白色；尾鳍末端截形。

引种目的 养殖引种，有一定养殖量，主要集中在长江流域。

主要危害

通过捕食和竞争，影响其他鱼类生存。

革胡子鲇

Clarias gariepinus

📍 原产地 非洲

鲇形目 | 胡子鲇科 | 胡子鲇属

俗　　名	埃及胡子鲇、埃及塘虱、八须鲇
分布范围	在长江以南大部分地区有分布，在长江流域种群规模不大，在珠江下游地区和广东、福建沿海河流有稳定分布。
主要特征	触须发达，共4对；背鳍和臀鳍均较长；体表光滑无鳞，体侧有不规则的灰色斑块和黑色斑点；生存和繁殖能力强，对环境的耐受能力极强。
引种目的	养殖引种，有一定养殖量，后因养殖模式导致其体色肉质不受消费者喜爱，逐渐被其他养殖鲇类取代。

主要危害

通过竞争性替代，影响本土鲇形目鱼类的生存和繁殖；捕食其他水生动物，从而改变水域生态系统的营养关系，导致水域生态系统结构和功能的改变；进入养殖水域，通过捕食作用，影响养殖对象生长。

眼斑雀鳝

Lepisosteus oculatus

原产地 北美洲

分类地位

雀鳝目 | 雀鳝科 | 雀鳝属

俗　　名	斑点雀鳝
分布范围	极少见，浙江等地有过零星发现记录。
主要特征	外形与鳄雀鳝相似，但体型更小，体长一般不超过1米，吻部更细长，身体有较大黑色斑块。
引种目的	观赏引种。

主要危害

对本土物种具有一定攻击性。

短盖肥脂鲤

Colossoma brachypomum

📍 原产地 南美洲

分类地位

脂鲤目 | 脂鲤科 | 肥脂鲤属

俗　　名	淡水白鲳
分布范围	在全国多地均有发现记录，如海南、广西等地，但数量较少，也有部分被误认为食人鲳。
主要特征	体呈卵圆形，侧扁；头部小，头长与头高相当；背部有脂鳍；体被小型圆鳞；体色为银灰色，胸鳍、腹鳍、臀鳍呈红色，尾鳍边缘带黑色，性情较凶猛。
引种目的	养殖引种，为主要养殖品种之一。

主要危害

食性广、食量大，喜捕食活饵，对小型鱼类的生存存在一定威胁。

条纹鲮脂鲤

Prochilodus scrofa

📍 原产地 南美洲

脂鲤目 | 无齿脂鲤科 | 原唇齿鱼属

俗　　名	小口脂鲤、巴西鲷
分布范围	进入自然水域后由于食量大，生长速度快，在自然水域往往很快形成优势种群。目前在我国南方多有分布，其中，以西江和北江最为集中。
主要特征	背鳍和尾鳍之间具脂鳍。体侧扁，呈纺锤形，体形与鲤近似，体色银白；口端位，口唇发达；尾鳍深叉，上下叶约等长，鳍条末端橘红色；生长速度快，但肉质不好，因此在食用鱼市场不受欢迎，由于其繁殖量大和生长速度快的特点而被广泛作为饵料鱼使用。
引种目的	养殖引种，主要作为饵料鱼养殖。

主要危害

通过食物竞争影响本土鱼类的生存和生长。

云斑尖塘鳢

Oxyeleotris marmoratus

原产地 东南亚

分类地位

鲈形目 | 塘鳢科 | 尖塘鳢属

俗　名	笋壳鱼
分布范围	野外群体主要分布于海南岛、珠江三角洲及粤西诸河流域。
主要特征	体前端粗壮呈圆柱状，形似笋壳；口裂大而斜；无侧线，体侧有类似于侧线鳞的横向突起条纹；胸鳍大，扇形，尾鳍圆形；体色常为黄褐色，体侧有云状斑块；肉食性，为高端养殖鱼类。
引种目的	养殖引种，是主要养殖品种之一。

主要危害

　　直接捕食或消灭其他土著物种，在对野生个体的解剖中，常见到被吞食的鱼虾。

黑点无须鲃

Puntius filamentosus

原产地 南亚

鲤形目 | 鲤科 | 无须鲃属

俗　　名	紫红两点鲫
分布范围	在海南岛万泉河下游有稳定种群。
主要特征	体型较小；侧线完整，尾柄处有大的椭圆形黑斑；尾鳍分叉，尾鳍上下叶末端有黑色和红色相间的斑块。
引种目的	观赏鱼引种。

主要危害

对小型鱼类有一定竞争威胁。

食蚊鱼

Gambusia affinis

📍 原产地 中北美洲

分类地位

鳉形目 | 胎鳉科 | 食蚊鱼属

俗　　名	大肚鱼、柳条鱼
分布范围	在南方大部分地区均有分布，在河南、山东等地也偶有发现。
主要特征	体长形，略侧扁，体型小；雄鱼稍细长，雌鱼腹缘圆凸，雄性个体在繁殖季节可特化形成交配器，并将精子输送到雌性体内；繁殖能力强。
引种目的	生物防控引种，由于被认为可用来控制蚊子的繁衍和疟疾的传播，而被世界多个国家和地区大量引种。

主要危害

直接捕食土著物种的卵或幼苗，导致其他物种的濒危甚至灭绝；由于强烈的竞争力，导致食蚊鱼入侵的地方青鳉等小型鱼类濒临灭绝。

虹鳟

Oncorhynchus mykiss

📍 原产地 北美洲太平洋沿岸

分类地位

鲑形目 | 鲑科 | 太平洋鲑属

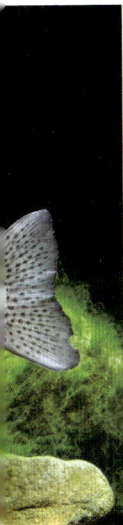

俗　　名	淡水三文鱼
分布范围	由于养殖逃逸进入自然水域，在青海、西藏、甘肃、四川等地均有发现记录，在黄河干流上游部分库区有稳定群体。
主要特征	体侧沿侧线有一条宽而鲜艳的紫红色彩虹纹带，延伸至鱼尾鳍基部，故名虹鳟；体侧一半或全部有黑色小斑点；具脂鳍；对盐度适应范围广，可适应淡水生活，也能适应半咸水和海水生长。
引种目的	养殖引种，重要养殖对象。

主要危害

通过捕食作用，影响本土物种生存。

美洲红点鲑

Salvelinus fontinalis

📍 原产地 北美洲

分类地位

鲑形目 | 鲑科 | 红点鲑属

俗　名	七彩鲑鱼
分布范围	在长江和黄河上游有零星分布。
主要特征	体表光滑，色彩艳丽，其背部有很多橄榄色蚯蚓状花斑，两侧有橄榄色圆斑，身体两侧的下部有红色的圆点。
引种目的	养殖引种。

主要危害

　　通过捕食竞争作用，影响本土物种生存。

河鲈
Perca fluviatilis

📍 **原产地** 欧洲和西伯利亚地区，我国额尔齐斯河流域有天然分布。

俗　　名	五道黑、赤鲈
分布范围	除原产地以外的新疆其他水系多有分布，在鸭绿江水系也有稳定群体。
主要特征	体侧扁，呈长椭圆状，尾柄较细；有两个背鳍，不相连；体呈棕褐色，背部颜色较深，体侧有多条黑色垂直条带；第一背鳍后方具一黑斑，腹鳍橙红，第二背鳍、臀鳍和尾鳍均略呈橘黄色或淡黄色。
引种目的	养殖引种。

主要危害

　　河鲈被引入中国新疆博斯腾湖，导致博斯腾湖、孔雀河及塔里木河等水域中新疆大头鱼、塔里木裂腹鱼等的种群数量急剧下降，呈现濒临灭绝的状态。

梭鲈

Lucioperca lucioperca

📍 **原产地** 欧洲，中亚和西亚，我国分布的天然水域包括伊犁河和额尔齐斯河。

分类地位

鲈形目 | 鲈科 | 梭鲈属

俗　　名	十道黑、牙鱼、九道黑
分布范围	除原产地以外的新疆其他水系多有分布，在鸭绿江水系也有稳定群体，近年来在贵州地区也有发现记录。
主要特征	体长形，侧扁，呈纺锤形；头小，头背部扁平；吻尖，背鳍2个，分离；尾鳍浅叉形，背部灰绿色，有12～13条深色横斑；为凶猛肉食鱼类。
引种目的	养殖引种。

主要危害

通过捕食对本土物种有一定威胁。

短头梭鲃

Luciobarbus brachycephalus

中亚

分类地位

鲤形目 | 鲤科 | 鲃属

俗　名	银鳕鱼

分布范围	在长江上游地区多有发现。

主要特征	体呈梭形，头部较小，体修长；口亚下位，具有吻须和颌须各1对；身体被覆发光鳞片，体背部银灰色，腹部银白色，为杂食性鱼类。

引种目的	养殖引种，引种来源和命名存在一定争议。

主要危害

通过食物竞争对本土物种有一定威胁。

丁鱥

Tinca tinca

📍 **原产地** 欧洲和中亚，在我国只见于新疆额尔齐斯河和乌伦古河流域。

分类地位

鲤形目 | 鲤科 | 丁鱥属

俗　　名	丁桂、欧洲丁桂
分布范围	在长江上游地区偶有发现。
主要特征	鱼体大多呈橄榄绿色；尾鳍不分叉，其他鳍略呈圆形，各鳍大部分为灰黑色；背鳍短，鳍条无硬棘；口角处有1对短须，体被小圆鳞，鳞细、排列紧密，深藏于厚皮下；为杂食性鱼类。
引种目的	养殖引种。

主要危害

通过食物竞争对本土物种有一定威胁。

小鳄龟

Chelydra serpentina

原产地 北美洲

龟鳖目 | 鳄龟科 | 鳄龟属

俗　　名	拟鳄龟、平背鳄龟、蛇鳄龟
分布范围	由于放生，在多地有零星分布。
主要特征	头部粗大为三角形，不能完全缩入壳内；背甲椭圆形，有3条纵形棱脊，每块盾片均有突起成棘状，背甲后缘呈锯齿状；腹甲退化而较小，为淡黄色的十字形；四肢不能缩入壳内，肥大且粗壮；尾长而尖，上有棘突；性情凶猛。
引种目的	作为观赏品种和养殖品种引进，相比于大鳄龟，小鳄龟的养殖量更大，产值更高。

主要危害

性情凶猛、捕食量大、攻击性强，对本土物种有一定威胁。

Apalone ferox

佛罗里达鳖

 原产地　北美洲

俗　　名	珍珠鳖、美国山瑞鳖
分布范围	由于放生行为，在多地有零星分布。
主要特征	成鳖体型椭圆，体表光滑，鼻管长，裙边宽厚，背甲前缘有对称点状疣粒，背甲后缘也有点状疣粒分布；雄鳖个体小，体扁平，尾粗大而长，露出裙边外；雌鳖个体大，体肥厚，尾短小，不露出裙边外；四肢趾间具有发达的蹼，在全国多地有养殖。
引种目的	作为养殖品种引进。

主要危害

通过捕食竞争，对本土龟鳖类和其他水生生物有一定威胁。

黑体尖陶乐鲶

Oxydoras niger

 原产地　南美洲

分类地位

鲶形目 | 棘甲鲶科 | 尖陶乐鲶属

俗　　名	尖陶乐鲇
分布范围	极少见，由于放生有偶见个体。
主要特征	体型较大，头部较扁，由硬骨板组成；吻长，眼位于头顶；口下位，口部前后长有两对触须，背部略隆起，两侧各有一排凸出的骨刺，体表皮肤粗糙且坚硬，近乎纯黑色。为杂食性鱼类。
引种目的	作为观赏品种引进。

主要危害

未见明确危害报告。

线鳢 *Channa striata*

📍 原产地 东南亚

分类地位

攀鲈目 | 鳢科 | 鳢属

俗 名	泰国鳢、纹月鳢、纹鳢
分布范围	在华南地区多有分布，以珠三角地区最为常见。
主要特征	体延长而呈棒状，尾部侧扁；头较大，头顶平；侧线平直，在臀鳍起点上方中断，向下1行或2行鳞片，再沿体侧中央向后直走；具有耐低氧、耐污能力强、生长快、易逃逸、护幼等特点，其在自然水域生存能力强。
引种目的	作为养殖品种引进。

主要危害

通过捕食作用，影响本地物种生存。

小盾鳢

Channna micropeltes

📍原产地 东南亚

分类地位

攀鲈目 | 鳢科 | 鳢属

俗　　名	多曼鱼、鱼虎、大铅笔、红线鳢或红鳢
分布范围	野外个体偶有发现。
主要特征	体长形，前部粗圆，后部稍侧扁；体色可随环境而有所变化，通常绿褐色或橄榄绿色，肉食性，性情凶猛。
引种目的	作为观赏品种引进。

主要危害

　　通过捕食竞争，对本土鱼类和其他水生生物有一定威胁。

西伯利亚鲟

Acipenser baerii

📍 原产地 西伯利亚地区

分类地位

鲟形目 | 鲟科 | 鲟属

俗　　名	贝氏鲟、尖吻鲟
分布范围	由于养殖逃逸，在长江地区多有发现，在珠江水系也有发现记录。
主要特征	抗寒能力强；体呈梭形，身披5纵列骨板，其间分布有许多小骨板和微小颗粒；吻尖长。口下位，较小；口前具须2对，呈圆柱形。
引种目的	作为养殖品种引进，目前养殖对象多为其杂交个体（西杂）。

主要危害

通过食物竞争，对本土鲟鱼和其他物种产生一定威胁。

温室蟾

Eleutherodactylus planirostris

📍 原产地　原产于美洲古巴、开曼群岛和巴哈马群岛。

分类地位

两栖纲 | 无尾目 | 卵齿蟾科 | 卵齿蟾属

俗　名	卵齿蟾
分布范围	目前广东深圳和香港均已有分布，分布范围广，扩散速度快，种群规模大。
主要特征	个体小，繁殖力强；卵不需经历蝌蚪阶段，而在潮湿的环境下直接发育为四肢健全的幼体，幼体靠特殊的卵齿刺开卵膜孵化，这也是科名的由来。由于成年温室蟾的体型也很小（2～3厘米），卵直接产在土壤里，发育阶段又脱离水源，因而常常会伴随热带观赏植物出现在各种温室内，所以得名"温室蟾"。
引种目的	伴随林木和花卉贸易无意引入。

主要危害

　　主要包括通过高密度种群对本土两栖动物造成竞争干扰，影响本土两栖动物的栖息地和食物资源等。

图书在版编目（CIP）数据

外来水生动植物图鉴 / 农业农村部农业生态与资源
保护总站编. —— 北京 : 中国农业出版社, 2025. 8.
(外来入侵物种防控系列丛书). —— ISBN 978-7-109
-33708-4

I. Q958.8-49；Q948.8-49

中国国家版本馆CIP数据核字第2025G8T151号

中国农业出版社出版

地址：北京市朝阳区麦子店街18号楼

邮编：100125

责任编辑：郑　君

版式设计：小荷博睿　责任校对：吴丽婷

印刷：北京中科印刷有限公司

版次：2025年8月第1版

印次：2025年8月北京第1次印刷

发行：新华书店北京发行所

开本：880mm×1230mm　1/64

印张：1.75

字数：52千字

定价：39.00元